专家寄语

　　地球从形成到现在经过了 46 亿年，在这个漫长的过程中，地球上的生物都发生了哪些变化？最早的植物是怎样诞生的？它们经过了怎样的进化过程，才变成了今天的样子？植物的进化永远是一门令人兴奋不已的学问。对孩子来说，植物进化的过程一直是充满吸引力的话题。本系列图书将向孩子展示一个从地球早期生物起源到裸子植物时代，再到被子植物时代的缤纷植物世界，囊括了丰富的植物科学知识，内容具有独特性、稀缺性，向孩子全方位地展现了常见植物的独特与神奇，不仅能够培养孩子从不同角度观察、思考的能力，更能够大大丰富他们的想象力、提高他们的创造力，是一套不可多得的植物科普读物。

中国科学院院士

中国植物学会理事长

植物进化史

聪明的
被子植物

匡廷云 郭红卫 ◎编
吕忠平 谢清霞 ◎绘

吉林出版集团股份有限公司|全国百佳图书出版单位

地质年代与生物演化阶段表

约 46 亿年前

150 亿年前，宇宙诞生了，地球作为宇宙中的一颗行星，起源于约 46 亿年以前的原始太阳星云。从地球诞生到地球生命的出现，这期间经历了几十亿年的大演变。

泥盆纪

4 亿 1000 万年前

志留纪

4 亿 4300 万年前

奥陶纪

4 亿 9000 万年前

寒武纪

震旦纪

6 亿 8000 万年前

5 亿 4300 万年前

石炭纪

3 亿 5400 万年前

2 亿 9000 万年前

二叠纪

2 亿 4800 万年前

三叠纪

2 亿 600 万年前

侏罗纪

1 亿 3700 万年前

在 258 万年前的第四纪，地球生物界的面貌已接近于近现代。哺乳动物的进化相当惊人，人类的出现也成为第四纪最重要的标志。

第四纪

258 万年前

新近纪

2330 万年前

古近纪

6500 万年前

白垩纪

目 录

自然界色彩大师

被子植物的花朵有着缤纷绚丽的色彩。当我们来到开满鲜花的公园时，置身各色花朵之中，心情总会飞扬起来，觉得轻松愉快。我们对花的喜爱，大部分是出于对色彩的喜爱。

大多数人都将花的丰富色彩视作理所当然。但在科学家的眼中，色彩却是花朵最神秘的特质之一。

从花瓣到子房，花朵的各个部分都是由叶子变化而来的。正因为这样，花瓣也拥有像叶子一样的结构。如果在显微镜下观察，你会发现大多数花瓣的表皮上还有突起和气孔。

上表皮
栅栏状叶肉组织
细胞间隙
海绵状叶肉组织
下表皮

叶片细胞组织图

细胞壁
液泡
细胞质
质体
细胞核

蔷薇花瓣的上表皮细胞模式图

当光线照射到花瓣上，一部分光线会被花瓣吸收，未被吸收的光线被反射进入我们的眼睛。人的眼睛将反射进来的光线聚焦在视网膜上，转换成信息传送到大脑，于是我们就看见了五颜六色的花。花瓣中含有的色素种类、每种色素的含量和花瓣内部或者表面的构造等因素，都会影响花瓣的色彩。

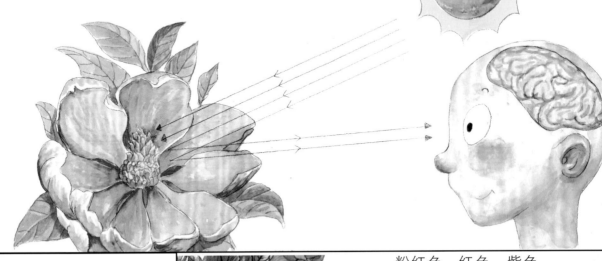

花瓣中含有的色素种类非常多，含量最多的两类色素是花青素和类胡萝卜素，它们存在于花瓣的细胞液中。

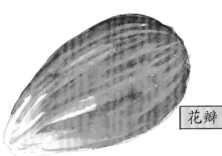

花瓣

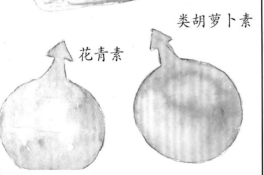

类胡萝卜素

花青素

粉红色、红色、紫色和蓝色的花瓣，主要含有的色素是花青素。

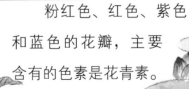

较多的类胡萝卜素会使花呈大红色、橙色或黄色。白色的花瓣中什么色素也没有，但是充满了微小的气泡。

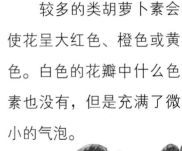

还有一些花朵是绿色的（绿色的兰花、郁金香、雏菊、枣花），这是因为花瓣中含有的叶绿素比较多。

郁金香

兰花

枣花

绿色雏菊

花瓣中花青素一类物质的含量对花的颜色起着决定性的作用。不同颜色的色素以各种比例组合，形成了花朵绚丽多变的各种色调。花朵拥有渐变色，则是因为不同的色素在花瓣不同位置的含量略有差别。

渐变色牵牛花

渐变色绣球花

渐变色月季

花青素会随着环境的酸碱性变化而变化。在酸性环境里，花青素和糖发生化学反应，产生红色物质；在碱性环境里则产生蓝色物质。牵牛花的颜色就遵循着这样的规律。当土壤偏碱性时，牵牛花是蓝色；当土壤为中性时，牵牛花是紫色；当土壤偏酸性时，牵牛花就变成桃红色。牵牛花的色彩还会一日三变，这是因为花瓣表皮细胞内的细胞液酸碱值发生了变化。

光照、营养物质、温度、湿度等因素也会影响花青素的形成，从而影响花瓣的颜色。

会影响花青素的因素却完全不会影响到类胡萝卜素，所以，不管在酸性土壤还是碱性土壤中，不管日照时间有多长，湿度如何，黄色的花都一直是黄色。

此外，花瓣表皮细胞的形状也会影响我们所看到的花色。有些花瓣的表皮细胞又细又长，这时我们所看到的并不全是花瓣中色素的颜色，而是表皮细胞受到斜上方光线照射而投下的影子。

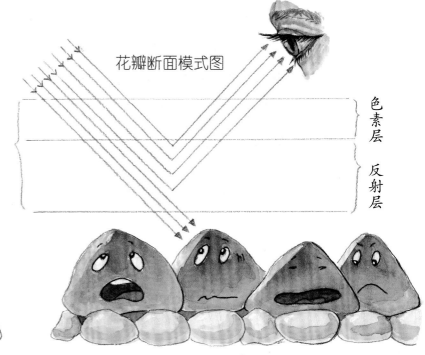

花瓣断面模式图

色素层

反射层

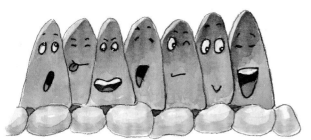

深色品种

浅色品种

自然界中，开白色花朵的花数量最多，其次是黄色、红色、蓝色等。开黑色的花数量最少，其中多是由于不同色的花青素大量混合在一起，呈现出十分接近于黑色的深紫红色。

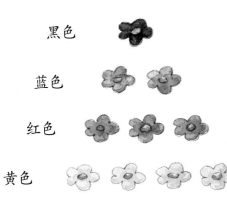

黑色

蓝色

红色

黄色

白色

太阳光被称为白光，但实际上它由不同颜色的光组成。这些光的波长不同，从红色到蓝色，波长递减，热效应也递减。

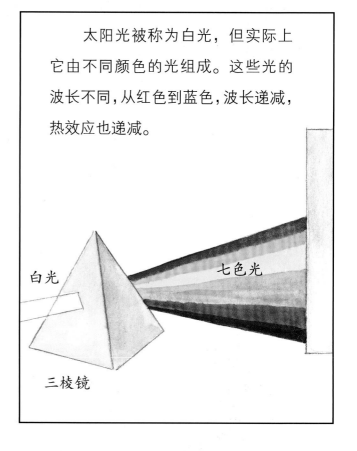

白光

七色光

三棱镜

白色花瓣反射所有颜色的光；黄色、红色的花瓣吸收热量较低的蓝色、紫色和绿色光；蓝色和紫色花瓣吸收热效应较高的红色、黄色光，有着被高温灼伤的风险。黑色花最稀少，因为黑色不反射太阳光，而是把光全部吸收，花的内部组织很容易被高温破坏掉。

白色马蹄莲

黄玫瑰

黑色蜀葵

紫色铁线莲

花朵大多选择了明亮或鲜艳的颜色，既是出于自我保护，也是出于繁殖的需要。帮助传粉的昆虫、鸟类，大多数都喜欢鲜艳明亮的色彩。

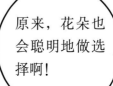

原来，花朵也会聪明地做选择啊！

花朵的颜色还有更奇妙的一面呢……

花朵暗藏着我们人类无法察觉的色彩：三朵黄色的花在蜜蜂眼中可能是三种颜色；粉红色的花对蝴蝶来说可能是另一番模样；蛾子在夜晚飞向花朵，是因为它们看见了黑暗中闪烁的光。

飞蛾

山茶

雏菊

科学家们并没有完全破解花朵颜色形成的秘密。现在，人们已经可以靠基因技术成功改变多种花卉的色彩，比如淡蓝色的月季和大部分的矮牵牛，但要种出彩虹色的花还是很困难的。

淡蓝色月季花

矮牵牛

被子植物聪明地利用花色吸引特定的传粉昆虫，而它们对色彩的操纵不仅体现在花朵的颜色上。当授粉结束，花朵受精后，便结出果实。种子成熟时则需要被播撒得尽量远，因此要以鲜艳的色彩来"打广告"吸引动物，当动物们将果实连同里面的种子一起吃下，种子就有机会随着它们的粪便，被带到别的地方去生根发芽。

被子植物的聪明可不只是会利用色彩哦！

被子植物真是好聪明啊！

被子植物的智慧

梅花
（两性花）

花朵是植物的生殖器官。有一些植物的花朵同时具有雌蕊和雄蕊，叫作两性花；还有一些植物的花朵并不同时具有雌蕊和雄蕊，而是分只有雌蕊的雌花，和只有雄蕊的雄花，这样的花朵叫作单性花。有的植物雄花和雌花长在同一株，有的则不长在同一株上。

百合
（两性花）

桃花
（两性花）

南瓜
（单性花）

西瓜
（单性花）

黄瓜
（单性花）

单性花的雌蕊必须得到另一朵花的雄蕊上的花粉，才能受精结出果实。这样产生的后代，对环境变化会有较强的适应能力。

菠菜
（单性花）

如果一朵两性花的雌蕊和雄蕊同时成熟，由于距离很近，花粉落到了自身的柱头上，就叫作自花传粉。这样产生的后代，可能很难适应环境变化。为了避免自花传粉，被子植物演化出了一种策略——让同一朵花的雌蕊和雄蕊分别在不同的时间发育成熟。

A

1. A 花产生花粉并发散。

2. 此时 B 花的雌蕊成熟，雄蕊尚未成熟。

B

3. 蜜蜂带 A 花粉飞到 B 花上，给 B 花的雌蕊授粉。

4. B 花授粉完成后，其雄蕊才开始成熟发散花粉。

一切为了繁育

被子植物要繁育后代，首先得将花粉从雄蕊转移到雌蕊的柱头上，让子房中的胚珠受精，发育为种子。花粉转移的过程叫作传粉。有的植物利用风来传粉，有的植物利用水，有的植物利用鸟类和小型哺乳动物。而被子植物之所以能够如此繁荣，更离不开传粉昆虫的功劳。

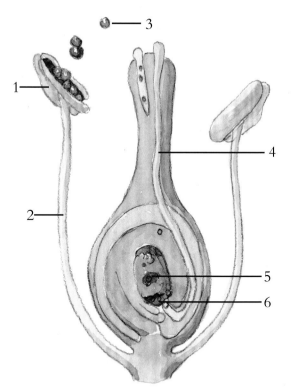

1.花药 2.花丝 3.花粉 4.花粉管 5.胚珠 6.珠孔

利用风传播花粉

利用风来传粉的植物被称为风媒植物，其中包括松科、杉科、银杏科等大部分裸子植物和禾本科、莎草科等少部分被子植物。风媒花通常有着数量可观的花粉，但最终能成功到达目的地的花粉寥寥无几。在被子植物中，风媒花的花瓣通常很小，也没有香气和蜜腺，我们熟悉的小麦、水稻、玉米等作物，都是风媒植物。

构树雌花枝

构树通过"爆炸"传播花粉

构树是十分常见的桑科树种，分布在我国几乎所有的温带和亚热带区域。构树的雌花和雄花并不长在同一棵树上。构树雌花是毛茸茸的球形，而雄花是粗壮的柔荑花序。构树的每朵小雄花都长着4个会"爆炸"的花药。雄花发育初期，雄蕊向内折叠在花瓣中，花粉成熟时，花丝向外展开，强大的张力使花粉囊内的花粉弹出，远远看去，就好像构树上冒起一阵烟。

构树果实

构树雄花枝

法国梧桐并不是梧桐树

悬铃木俗称法国梧桐，但它们既不是梧桐也并非原产自法国，而是悬铃木科的乔木，原产自欧洲东南部、印度和美洲。悬铃木科都是风媒植物。悬铃木的花雌雄同株，雌花和雄花都分别聚成球形，这样的花序叫作头状花序。雌花红色，雄花绿色。授粉后，雄花会脱落，而雌花序逐渐变成由无数个几毫米大的小坚果组成的小球，每个小坚果上都长有长毛。悬铃木的果实9—10月成熟，但一直要到次年的4—6月，上一年的"小球"才会脱落，带毛的种子随风飞扬散播。

荨麻的独特繁育本领

　　荨麻是荨麻科荨麻属的草本植物。荨麻属的植物基本都开风媒花，也都长着透明且坚硬的刺毛。荨麻大多高一米左右，茎干是四棱形，纤细又多枝，茎、叶上都长着刺毛。雌雄同株，雌花序和雄花序上都有很多绒毛，里面也夹杂着稀疏的刺毛。人或动物的皮肤一旦碰到荨麻，刺毛扎破皮肤后折断，释放出刺里的毒液会引起灼伤般的疼痛，还会出现大片红斑。正是这种让动物携带并传播的方式让荨麻得到广泛繁育。

在野外，如果不会辨别荨麻，很容易被刺伤。

荨麻

荨麻叶

荨麻花

荨麻茎带刺

一提到桑树，你最先联想到的是什么呢？

桑葚！

蚕宝宝……

桑树果实

你知道聚花果吗？

桑树雄花

桑树雌花

春天，桑树长出嫩叶的时候，养蚕人便会开始采摘桑叶，作为桑蚕的食物。桑树的雌花和雄花并不开在同一棵树上，这样的情况叫作雌雄异株。每逢夏季晴朗的中午太阳高照、空气干燥时，雄桑树的花就会突然绷直，借着这股力气把花粉弹到空中，让它随风迅速扩散。当花粉落到雌花上时，就会结出许多甜中带酸的桑葚。桑葚上面的无数突起，其实是由许多细小的雌花结出的许多小小果实聚集而成的，这样的果实叫作聚花果。

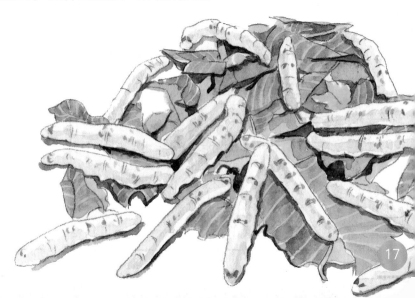

借助水力传播花粉

许多水生被子植物都是借水力来传粉的，这类传粉方式叫水媒。 一些植物在水面上传粉，一些植物在水面下传粉，也有趁着下雨时传粉的植物。水媒花的花粉都有耐水的性质。

茨藻

金鱼藻

伊乐藻

水椰奇特的扎根方式

我们再来认识几种水媒植物吧。

水椰是棕榈科水椰属的植物，分布在亚洲东部到大洋洲的热带海岸红树林湿地中。水椰是唯一能在水中生长的棕榈科植物，更为奇特的是，水椰的果实离开母体之前，种子就已经在果实内发芽，形成幼苗。果实完全成熟后，会借助自身的重量脱离母体，坠入泥中，仅几小时后幼苗就能生根。水椰落下的果实如果遇上潮水，还能在水面漂浮游荡一段时间，直到遇见合适的环境再"定居"。

水椰的果实

水椰

水鳖长脚了吗？

水鳖并非动物，而是一种常长在沼泽、水池、湖泊和农村水田中的水生植物。水鳖就像鳖一样能在水面游走生长，不是靠脚划水而是另有法宝。原来，水鳖心形叶子背面有一层厚厚软软的蜂窝状通气组织，这就是让它能游走水面的浮水囊了！正是浮水囊让水鳖能大面积地迅速繁育下一代。

是谁拥有许多"花碗"？

驴蹄草是毛茛科驴蹄草属的多年生草本植物，广泛生长在北半球温带及寒温带地区的山谷溪边或湿草甸。驴蹄草花朵的雄蕊含有丰富的花粉和花蜜，以此吸引许多种类的昆虫，包括甲虫、苍蝇及蜜蜂等来帮助它传粉。除此之外，驴蹄草还有一种非常独特的传粉方式——下雨时，驴蹄草的花像小碗一样装满雨水，这时候，雄蕊的花药与雌蕊的柱头一同漂浮在水上，花粉就可以漂到柱头上，实现自花传粉。

薄叶驴蹄草

细茎驴蹄草

请动物来帮忙

绝大多数被子植物通过动物来传播花粉，其中又有大部分被子植物依靠昆虫传粉。常见的传粉昆虫有蜂类、蝶类、蛾类、蝇类、甲虫类。靠昆虫传粉的花叫虫媒花。许多虫媒花都长有产生花蜜的蜜腺，还具有特殊的气味。气味也是花朵吸引传粉者的手段，特别是颜色浅淡、夜间开放的花朵，它们主要吸引嗅觉灵敏的蛾类和哺乳动物。除了昆虫和哺乳动物之外，蜘蛛、蝙蝠、鸟类也是常来帮忙的传粉者。

我们先来认识一些虫媒花植物吧。

柳树也有花蜜

我们常将杨树和柳树合起来称为杨柳，它们都属于杨柳科。柳属有 520 多种植物，它们和杨树一样长着下垂的柔荑花序，以花蜜吸引蜜蜂来传粉。在白垩纪时期，杨树和柳树都演化成了雌雄异株，依靠风力传播。然而，白垩纪晚期柳树开始依靠昆虫传粉，花粉减少并长出了蜜腺。

垂柳雌花枝

垂柳雄花枝

垂柳雌花

垂柳雄花

是谁拥有隐头花序?

无花果是桑科榕属植物,人类种植无花果已经有 5000 多年的历史。无花果有许多小小的雄花和雌花,都开在"果"的内部,这样的花序叫作"隐头花序"。无花果的底部有一个小孔,雌性榕小蜂会从这个孔钻入里面产卵,然后死去。雄性榕小蜂会首先孵化,然后从无花果中飞出,进入有雌蜂的无花果并与之交配,帮助雌蜂携带受精卵和花粉飞走,这样,新的循环又开始了。无花果会将死去的榕小蜂分解吸收掉。除无花果外,还有许多榕属植物也拥有隐头花序。

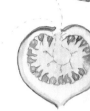

百合的花药会击打昆虫?

清新典雅的百合,是百合科百合属的球根草本植物。百合的花朵硕大,雄蕊的花药也有赤豆般大小。当昆虫碰巧降落在花药顶上,花药就会翻转过来击打昆虫背部。受惊的昆虫沾满一身花粉飞走,很快又在色彩和花蜜的引诱下飞向另一朵百合,就这样完成了传粉。传粉完成后,百合花朵就会凋谢并结出果实。

①百合珠芽、鳞茎

②百合果实

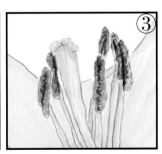
③百合雄蕊、雌蕊

王莲的慷慨待客之道

王莲的花朵通常在傍晚绽放，初开时为白色，花蕊发热，并散发浓烈的花香吸引昆虫"客人"前来，在"客人"们饱食雌蕊心皮上的淀粉而流连忘返之时，花瓣便悄悄闭合，将昆虫关在花内。此时王莲的雌蕊已经成熟，而雄蕊还未成熟散粉，雌蕊就能接受外来的花粉完成异花授粉。第二天，雄蕊也慢慢成熟，花药又附着在昆虫身上。这时花朵重新绽放，被"释放"的昆虫又把花粉带到其他新开的花朵上完成传粉。

甲虫是已知最早的传粉者，它们是以"逛吃逛吃"方式传粉的，只要牺牲一部分花粉填饱它们，剩下的花粉就能被送到柱头上去。

闭合的王莲

角蜂眉兰巧施诱骗昆虫术

兰科植物就没有那么大方，不仅会把花粉"打包"成块，让昆虫无法轻易下嘴，还常在花朵上搞出一些假花粉和假花蜜引诱传粉者。角蜂眉兰属就会通过伪装来欺骗传粉者。春天，角蜂眉兰会在草丛中开放，花朵酷似雌角蜂，急于寻找配偶的雄角蜂在气味的吸引下扑向"雌蜂"求爱，这时，角蜂眉兰唇瓣上方伸出的合蕊柱下降，将花粉块粘在雄蜂的头上。当这只求偶心切的雄蜂又被另一朵角蜂眉兰欺骗时，就正好把花粉块送到了新"配偶"的柱头上。

角蜂眉兰

秋海棠的以假乱真术

秋海棠没有花蜜，雌花和雄花都长着两个花瓣形状的萼片，雌花和雄花有着相近的气味；雌花分叉的柱头看起来像雄花的雄蕊。蜂类一时无法分辨，而将雌花当作雄花。但由于秋海棠雄花远远多于雌花的数量，而雄花又提供了丰厚的花粉作为报酬，蜂类即使偶尔被骗，也不会太放在心上了。

草茱萸会喷射

草茱萸花朵很小，聚成小伞的形状。花瓣闭合时，紧紧地压住 4 个雄蕊；一旦花瓣受到刺激突然打开，向内折起的雄蕊就会向外喷射，顶部的花粉囊快速把花粉抛射到昆虫身上。这样昆虫就可以帮助草茱萸传递花粉了！

奇特的花柱草

花柱草是一类食虫植物，它们的传粉方式也非常特别。花柱草的雄蕊和花柱合生成一根"合蕊柱"，伸在花瓣的外面，还长着一根专门盛放花蜜的"花蜜管"。昆虫只要将口器伸到花蜜管的底部就会碰到"敏感区"，花柱草的合蕊柱便会在一瞬间将末端狠狠地打在昆虫身上，花粉囊炸开。受了惊吓的昆虫不顾沾了满头满脸的花粉迅速逃离，也将花粉传播出去。

海芋通过果蝇传粉

　　海芋是天南星科海芋属草本植物的统称，原产于亚洲热带和亚热带森林中。和王莲一样，海芋的花也会发热吸引昆虫。随着海芋雌花花苞逐渐打开，花朵散发出浓烈的臭味，吸引来多种昆虫。

　　最先到来的是对热十分敏感的果蝇，它们带着其他植株上雄花的花粉在海芋的佛焰苞中交配、产卵，同时将花粉授给雌花。随着海芋完成授粉、佛焰苞脱落、结出果实，果蝇的幼虫也逐渐孵化、化蛹、成熟。海芋的雌蕊只有在传粉昆虫的帮助下才能授粉、结出果实。而海芋的花为果蝇提供了温暖的庇护所，同时提供营养丰富的花粉作为食物，为果蝇的繁衍提供了便利，二者之间互利共生。

散发恶臭的鞭寄生

　　鞭寄生是胡椒目马兜铃科的植物，生长在纳米比亚西南部和南非北部海角等少数几个干旱贫瘠的沙漠地区。鞭寄生没有叶绿素，寄生于大戟属植物的根部，吸取宿主的水分、糖类和矿物质。这种怪异的花朵会散发出一种粪便般的恶臭，吸引蜣螂、腐尸甲虫和苍蝇。一些种类甚至能发热，让气味扩散得更远。花的中心有一个腔室，内壁非常滑，昆虫掉进去后很难爬出来。之后，鞭寄生会闭合腔室的顶部，一天或者数天后，再重新打开，释放浑身沾满花粉的昆虫。一旦授粉完成，鞭寄生就会在地下孕育自己的果实。

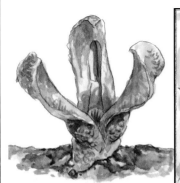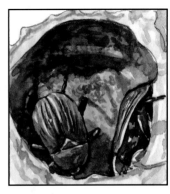

> 像这类以臭气和发热吸引食腐昆虫传粉的植物，除了鞭寄生，还有著名的巨魔芋、大王花、死马海芋、巨花犀角等。

巨魔芋

死马海芋

大王花

巨花犀角

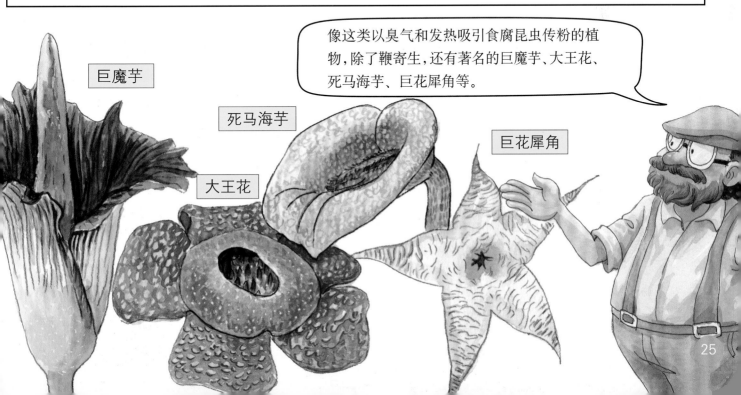

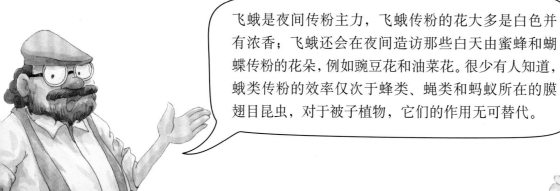

飞蛾是夜间传粉主力，飞蛾传粉的花大多是白色并有浓香；飞蛾还会在夜间造访那些白天由蜜蜂和蝴蝶传粉的花朵，例如豌豆花和油菜花。很少有人知道，蛾类传粉的效率仅次于蜂类、蝇类和蚂蚁所在的膜翅目昆虫，对于被子植物，它们的作用无可替代。

豌豆花

油菜花

幽灵一般的兰花

　　鬼兰隶属于兰科幽灵兰属，是一种稀有的兰花，主要分布地为美国和古巴。鬼兰的外表奇特，白色花儿在夜晚随风飘动，看起来就像幽灵一般，所以有了"鬼兰"的名称。它有花无叶，将根附着在别的植物上生长，并以根部进行光合作用。鬼兰对生长环境要求严苛，只生长在高温和高湿度的林地和沼泽中，为鬼兰传粉的天蛾叫巨女神蛾，它长长的喙能够伸到鬼兰长达20厘米的花蜜管底部，吸取蜜汁，同时也帮助了传粉。

植物的花蜜管越长，对应吸食其花蜜的动物的喙就会更长。这是达尔文提出的著名的科学假想。

翡翠葛与蝙蝠很有缘？

　　翡翠葛是豆科翡翠葛属的藤本植物，生长在菲律宾的热带雨林中。翡翠葛的花一串串悬挂在茂密的叶子中，像许多翡翠雕琢的小鸟聚在一起展翅。翡翠葛依靠蝙蝠传粉。它的花序悬垂在空中，反射蝙蝠发出的超声波。蝙蝠会用前爪勾住翡翠葛花朵的"鸟尾巴"，后腿往上攀，全身都挂在花上，把鼻子伸进开口中舔食花蜜。这时，蝙蝠的长舌会触发翡翠葛的"机关"，花药爆开，把花粉喷到蝙蝠的身上。

翡翠葛的花

翡翠葛的豆荚

27

在漫长的演化史中，鸟类都扮演着重要的传粉者角色，至少在4700万年前，就有小型鸟类开始取食花蜜，同时帮助植物传授花粉。美洲的蜂鸟、非洲的太阳鸟和大洋洲的吸蜜鸟等，都是著名的以花蜜为食的鸟类，它们也为此演化出了特殊的身体结构。

蜂鸟

吸蜜鸟

鸟类的嗅觉很差，但视力很好，喜欢红色。一般来说，鸟儿并不喜欢羽毛沾上花粉，喙长的鸟儿吸取短花筒里的花蜜，就沾不到花粉；喙短的鸟儿只要咬穿长花筒的底部，也可以不沾花粉而吃到花蜜。对此，花朵也有办法，比如花粉全部聚集起来形成一个黏黏的花粉团，这样就能附着在鸟喙上了。

一些传粉鸟类并非以花蜜为主食。

绣眼鸟

蜂鸟、太阳鸟和吸蜜鸟都为了吸食花蜜演化出了特殊的身体结构。

太阳鸟

银耳相思鸟

谁的花朵不会自行开放?

五蕊寄生是桑寄生科五蕊寄生属植物，寄生在多种树木上。五蕊寄生主要吸取寄主的营养，但它自身依然保留有叶绿素和叶片，能够进行光合作用并制造养分。

包括五蕊寄生在内的一部分桑寄生植物通过"爆炸"的方式进行传粉，花朵并不自己开放，必须等到鸟喙挤压时，花瓣才会瞬间打开，花粉借助这股爆炸的力量，瞬间弹到鸟的喙上，再被携带到雌花上。

五蕊寄生

红胸啄花鸟

奇特的美洲龙舌兰

天门冬科的龙舌兰来自美洲干旱的热带沙漠，那里生长着巨型仙人掌。沙漠植物通常生长速度缓慢，故而龙舌兰用数十年的时间也只能长到一两米高。

美洲龙舌兰拥有地表植物中最长的花序，淡黄色的花朵在花茎顶端稠密地排列成圆锥形。龙舌兰需要如此长的花茎的原因，和它们选择的传粉者有关。鸟儿的视力极其敏锐，颜色鲜艳的花朵开在高高的花茎上，就能很容易地吸引它们注意。龙舌兰一生只能开一次花，开花会迅速耗尽龙舌兰的能量，授粉后，随着种子成熟，它就会逐渐枯死。

蜂鸟吸蜜传粉

种子的旅行

我们刚刚认识了一些利用风力、水力和动物传粉的被子植物。但对植物的繁殖来说，传粉只是第一步。当种子成熟、需要传播的时候，植物又会怎么做呢？

在种子传播的阶段，被子植物也大展身手，各显神通：有的植物果实成熟时会迸裂，将种子弹射出去，但弹射距离有限；有的植物果实长着"翅膀"或"羽毛"，可以轻盈地随风飘向较远的地方；有的植物让果实裹着种子顺流而下，甚至能够漂洋过海。

枫树的果实有"翅膀"？

枫树其实是槭树科槭树属中一些树木的俗称，它们的共同特征是叶子能变成美丽的黄色、橙色或红色。枫树的果实全都长有"翅膀"，一旦成熟，种子就会借助风力像竹蜻蜓般旋转着飞出去，落地生根，长出新的植株。这种果实被叫作"翅果"。除了枫树，榆树、枫杨等植物的果实也属于翅果。桦木科植物果实的"翅膀"是薄膜状，梣树和臭椿树等的果实是薄薄的叶片状，也能乘风飞扬。

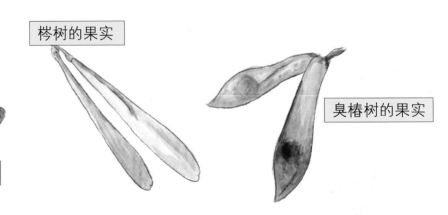

梣树的果实

臭椿树的果实

枫树的果实

钉头果会爆炸

钉头果的果实

钉头果原产南非，高约 1.8 米。它的果实非常有趣，呈黄绿色，卵圆形、圆鼓鼓的，像是充足了气的气球，又像是生气的河豚。"气球"里面没有果肉，只有种子。果实成熟后能自行爆裂，长着银白色绒毛的种子，就像绑着降落伞，随风飘到各处。除了钉头果之外，萝藦属植物大多长着有绒毛的果实。果实和种子上长着绒毛的植物很常见，我们最熟悉的就是蒲公英。除此之外，柳树、杨树、木棉、芦苇、香蒲、鹅绒藤等植物的种子也靠绒毛乘风传播。

蒲公英

木棉

猫柳

杨树

水烛的果序乘风散播种子

　　水烛是一种香蒲科草本植物，通常生长在水边或浅水中。它的植株高大挺拔，常被用作观赏植物。水烛最为醒目的特征是它的穗状果序，形状就像一根根香肠串在竹签上，看起来十分有趣。当果实完全成熟，果序便不能维持"香肠"的外形，而是变得毛茸茸的。风一吹，长着绒毛的果实就会像蒲公英一样，带着种子脱落飞散。

水烛的穗状果序

水烛的根状茎

随风滚动顺便播种

风滚草是藜科的草本植物，在戈壁十分常见。一到秋天，它的枝条就会向内卷曲，整棵植物变成球形，根茎靠近地面处也会变得异常脆弱，只要大风一吹或被动物一碰，茎便会脱离根部开始滚动。在戈壁起风的时候经常可以看见它们在随风滚动，那绝对称得上是奇趣的景象。风滚草的随风滚动是一种有效传播种子的方式。它的种子只在枯草滚动和弹跳的过程中受到震动时才会脱落。

未枯萎的风滚草枝条

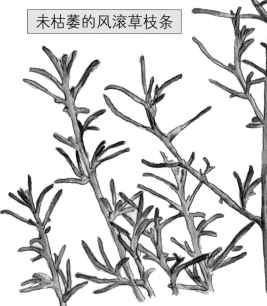

戈壁上的风滚草

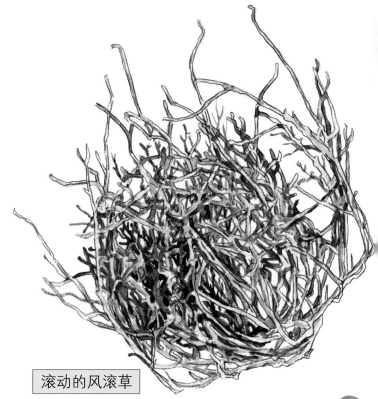

滚动的风滚草

椰子漂洋过海获新生

椰子树是棕榈科椰子属的植物。椰子树在热带岛屿随处可见，这与它果实的构造和传播方式密切相关。

椰子树的果实就是椰子果。椰子果的最外层是果皮，里面是一层很厚的粗纤维，最中心就是坚硬的棕色椰仁，打开椰仁，里面是白色的果肉和约 500 毫升的清甜汁水。果实成熟后，借助风力从树上脱落，能直接落入海水中。椰子的粗纤维层中充满了空气，这种特殊结构使它能够轻松浮在水面上，并且不易腐烂。椰子外壳能随着海水漂到几千米甚至上百千米的地方，并在适宜的海滩上发芽生根、开花结果。

发芽的椰子

海水

椰子水
椰肉
椰壳
椰衣纤维
果皮

沙滩

椰子果实的结构

34

苍耳的携带传播术

我们从秋天的原野中走过，经过一丛长着掌状叶片的草本植物，心里毫不在意，却已经不知不觉带走了它的种子。等我们回到家里，得花上好一阵工夫处理那些挂在衣服上满身是刺的橄榄形小球。这种令人恼火的植物就是苍耳。苍耳是一种菊科植物，果实的外壳坚硬，表面有许多顶端带有倒钩的刺，壳里面裹着许多细小的种子。苍耳的果实很容易从植株上脱落，凭借多种方式顺利达到传播种子的目的。

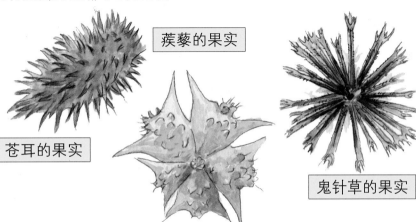

蒺藜的果实

苍耳的果实

鬼针草的果实

山葡萄如何传播种子?

利用动物传播种子的果实大体上有两类。

第一类身上长钩刺，挂在动物身上被带到远处。苍耳、蒺藜、鬼针草等植物都属于这一种。

第二类则是因为营养丰富、味道好，能够吸引动物进食，然后难以被消化的种子随动物粪便被传播出去。例如山葡萄、枸杞、蛇莓等野生果类。

山葡萄

会喷射的果实

喷瓜是原产于地中海地区的葫芦科植物，它以会"喷射"的果实而著名。喷瓜的果实中充满浆液，种子就埋藏于其中。当喷瓜成熟之时，若是被大风吹拂或者被动物触碰，果实就会脱落，浆液像被猛烈摇晃过的可乐或是香槟一样，从果实与果柄连接的小孔喷涌而出，裹挟在其中的种子也被一并喷了出来，距离可达数米之远。

喷瓜的花

会弹射种子的凤仙花

不依靠风力、水力或动物，自力更生传播种子的植物也不在少数。植物既不能奔跑也没有可挥动的手臂，那么要怎样靠自身的力量将种子送去尽量远的地方呢？在纯粹靠机械力弹射种子的植物中，凤仙花就是代表。成熟的果实受到轻轻触碰就会突然爆裂，果皮从接缝处分成五瓣，猛地卷曲起来，将里面的黑色种子弹射到四面八方。

凤仙花爆裂前的果实

凤仙花爆裂后的果实

凤仙花的种子

凤仙花

董菜类和豆类也是"弹射"高手。董菜属植物的果荚通常都可裂开；豆科植物的果荚也是十分有效的弹射器官，类似这样的植物还有油菜和芝麻等。

蒴果

走在野外的时候，不妨运用这些知识，好好观察身边的植物吧！

我要再说一次：被子植物太聪明了！

真是大开眼界！

你可能不知道的真相

Q1 植物如何控制开花时间?

在合适的温度、光照、水分环境下,植物体内会合成成花素,催生出花蕾。大部分植物会选择在白天开花,夜晚闭花,这也是温度变化引起的——闭花是为保护花朵不被冻伤。昙花、月见草等植物会在白天闭花,这是因为它们的花朵很娇嫩,在强烈阳光中会损失养分。

Q2 花朵的香气从哪里来?

花会发出香味,是因为花瓣、花萼等结构中有一种蜜腺器官,其中的油细胞会不断分泌出容易挥发且带有香气的芳香油,这种化合物会通过微小的毛细管和气孔挥发出来。

Q3 早春开花的多是风媒花?

早春开花的植物中风媒花较普遍,比如杨、柳、胡桃,它们多为柔荑花序,雌雄异花,需要借助风的力量完成授粉。为了更好地传粉,风媒花都会先开花,再生叶。不过,也有部分虫媒花会在早春开花,它们也会先开花再长叶。

Q4 夏天的花朵如何防晒?

花朵对于光照的喜好不一样,有些花喜好强光照(比如茉莉、荷花),也有些喜欢温和一些的阳光。对于后者而言,夏天的阳光太强烈了,所以它们会在体内合成更多花青素——这是一种天然植物防晒物质,能防止细胞被晒伤。

Q5 植物授粉后要多久才能结出种子或果实?

我们吃的水果大部分经过了选种和培育,结果时间比较短,授粉后 20 天内就会挂果,30—35 天后就可以采摘了。比如玉米从开花到果实成熟需要 35—45 天,苹果成熟需要 40 天。结果时间较长的果实有红果冬青,它从第一年 10 月开始挂果,要第二年 5 月果实才会成熟。

Q6 为什么植物要想方设法把种子送到远方?

如果种子径直落到母株旁边,那么它会和母株形成竞争,争夺水分和阳光,长此以往,大家都长得不好,所以植物会尽可能把种子送到远处。

图书在版编目（CIP）数据

聪明的被子植物/匡廷云, 郭红卫编；吕忠平,谢
清霞绘. -- 长春：吉林出版集团股份有限公司,
2023.11（2024.6重印）
（植物进化史）
ISBN 978-7-5731-2245-2

Ⅰ.①聪… Ⅱ.①匡… ②郭… ③吕… ④谢… Ⅲ.
①被子植物—儿童读物Ⅳ.①Q949.7-49

中国国家版本馆CIP数据核字(2023) 第231024号

植物进化史
CONGMING DE BEIZI ZHIWU

聪明的被子植物

编　者：匡廷云　郭红卫
绘　者：吕忠平　谢清霞
出品人：于　强
出版策划：崔文辉
责任编辑：金佳音
出　版：吉林出版集团股份有限公司（www.jlpg.cn）
　　　　（长春市福祉大路5788号，邮政编码：130118）
发　行：吉林出版集团译文图书经营有限公司
　　　　（http://shop34896900.taobao.com）
电　话：总编办 0431-81629909　　营销部 0431-81629880 / 81629900
印　刷：三河市嵩川印刷有限公司
开　本：889mm×1194mm　1/12
印　张：8
字　数：100千字
版　次：2023年11月第1版
印　次：2024年6月第2次印刷
书　号：ISBN 978-7-5731-2245-2
定　价：49.80元

印装错误请与承印厂联系　　电话：13932608211

植物进化史

专家介绍

匡廷云

中国科学院院士 / 中国植物学会理事长

　　中国科学院院士、欧亚科学院院士；长期从事光合作用方面的研究，曾获得中国国家自然科学奖二等奖、中国科学院科技进步奖、亚洲—大洋洲光生物学学会"杰出贡献奖"等多项奖励，被评为国家级有突出贡献的中青年专家、中国科学院优秀研究生导师。

郭红卫

长江学者 / 中国植物学会理事

　　国际著名的植物分子生物学专家，长期从事植物分子生物及遗传学方面的研究，尤其在植物激素生物学领域取得突破性成果。2005—2015 年任北京大学生命科学学院教授；2016 年起任南方科技大学生物系讲席教授、食品营养与安全研究所所长。教育部"长江学者"特聘教授，国家杰出青年科学基金获得者，曾获中国青年科技奖、谈家桢生命科学创新奖等重要奖项。